ネコライオン

CATS & LIONS

Mitsuaki Iwago 岩合光昭

Contents

視	See	001……049
触	Touch	050……083
味	Taste	084……107
嗅	Smell	108……135
聴	Hear	136……163

ネコとヒトが共に生きる　164……165

おわりに（著者あとがき）　166

ネコは小さなライオンだ。
ライオンは大きなネコだ。
　　　──岩合光昭

視 See

オスがオスを見つけてヒゲを下げます。　沼津市 静岡県

狩りの基本は見ることです。　ンゴロンゴロ自然保護区 タンザニア

船が帰ってきたので注目しています。　西伊豆町 静岡県

小高い丘から草食動物たちの群れを見下ろしています。　ンゴロンゴロ自然保護区 タンザニア

兄弟は漁師に面倒をみてもらっています。　コヒマル キューバ

兄弟は倒木の下で母親の帰りを待ちます。　セレンゲティ国立公園 タンザニア

ネコのための小屋があります。　富士市 静岡県

家族の中心になるのが家長格のメスです。　ンゴロンゴロ自然保護区 タンザニア

まず母親が我が家へ向かって歩き出します。　逗子市 神奈川県

子は母親の一挙手一投足を注意深く見ています。　ンゴロンゴロ自然保護区 タンザニア

母親は子の隠し場所をたびたび移します。　石巻市 宮城県

子は母親にくわえられると全身の力を抜きます。　ンゴロンゴロ自然保護区 タンザニア

まさに一触即発のとき。　唐津市 佐賀県

オスがオスの息の根を止めようとしています。　セレンゲティ国立公園 タンザニア

オスの睨み。　スキダウェー島 ジョージア州 アメリカ合衆国

アフリカゾウの肉をむさぼりながら象牙の影でときどき休息します。　チョベ国立公園 ボツワナ

足場のアルミ窓が柔らかすぎて屋根から飛び降りようとして落ちます。　函館市 北海道

木にも登るライオンですが降りるのは苦手です。　マニヤラ湖国立公園　タンザニア

よそ見しながら余裕しゃくしゃくです。　北杜市　山梨県

着地点を見定めて真剣です。　ンゴロンゴロ自然保護区　タンザニア

毛並みが美しく躍動します。　武蔵野市 東京都

子が走りに集中しています。　ンゴロンゴロ自然保護区 タンザニア

オンドリを狙おうとしているわけではありません。　キーウエスト フロリダ州 アメリカ合衆国

狩りの成功のためには日頃の姿勢が大切です。動くアフリカスイギュウを観察中です。　ンゴロンゴロ自然保護区 タンザニア

ジャンプ力が試されます。　石巻市 宮城県

襲う方も襲われる方も生きる努力を惜しみません。獲物はヌーです。ンゴロンゴロ自然保護区 タンザニア

ヒトの暮らしには扉というものが存在します。　塩尻市 長野県

暮らしには隠れる場所も必要です。　セレンゲティ国立公園 タンザニア

頭隠して尻隠さずではないですよね。　ティービー島 ジョージア州 アメリカ合衆国

狩りのために一応忍んでいます。　セレンゲティ国立公園 タンザニア

お気に入りの場所があります。　金沢市 石川県

高いところからは平原が見渡せます。セレンゲティ国立公園 タンザニア

箱入り娘。　伊根町 京都府

平原を渡る風音を聞きながらの昼寝です。　セレンゲティ国立公園 タンザニア

屋根裏へと続いています。　青木村 長野県

平原の蟻塚も遊び場のひとつです。　マサイマラ国立保護区 ケニア

ストレッチして気になる玄関を覗きます。　高知市 高知県

ストレッチ一発で活動開始。　セレンゲティ国立公園 タンザニア

我が家に向かっています。（上）弘前市 青森県 （下）サバンナ ジョージア州 アメリカ合衆国

姿勢を出来るだけ低くして獲物へとアプローチします。　ンゴロンゴロ自然保護区 タンザニア

さまざまな場所で歩いています。（左上下）エッサウィラ モロッコ（右上）藤沢市 神奈川県（右下）アイト・ベン・ハッドウ モロッコ

行き先には水場があります。　ンゴロンゴロ自然保護区 タンザニア

ちょっとそこまで、という感じかな。（上）青森市 青森県 （下）藤沢市 神奈川県

季節は移ろいます。　セレンゲティ国立公園 タンザニア

全身の感覚で周囲を確かめています。　藤沢市 神奈川県

獲物へと導くひとつにアフリカハゲコウの動きがあります。　ンゴロンゴロ自然保護区　タンザニア

触 Touch

いつもの場所で爪を研ぎます。　別府市 大分県

爪を研ぐ場所は決まっていません。　ンゴロンゴロ自然保護区　タンザニア

出来るだけ高いところに匂いをつけようとしています。　北杜市 山梨県

平原の外れにあるアカシアの木に匂いづけします。　セレンゲティ国立公園 タンザニア

了の冒険は危険をはらみます。　逗子市 神奈川県

成長してからも遊びます。　ンゴロンゴロ自然保護区 タンザニア

メスは場所にこだわります。　出水市 鹿児島県

平原を見渡す岩場の上です。　セレンゲティ国立公園 タンザニア

メスの準備がまだ整っていません。　カルカータ イタリア

背中から降りてくれないオスをメスが一喝。　ンゴロンゴロ自然保護区 タンザニア

社会生活は大切です。　石巻市　宮城県

プライバシーも尊重されます。　真鍋島　岡山県

家族の肖像。　セレンゲティ国立公園　タンザニア

母親が登れば子も登ります。　セレンゲティ国立公園　タンザニア

夏の午後。　石巻市 宮城県

乾期の午後。　セレンゲティ国立公園 タンザニア

抜群の昼寝場所。　サントリーニ島 ギリシャ

どこにいても眠たいときには寝ます。　マサイマラ国立保護区 ケニア

どこからでしょう。水音がします。　渋川市　群馬県

潮騒が聞こえてきます。　函館市　北海道

湿地帯の休息。耳は辺りの音を聞き逃しません。　ンゴロンゴロ自然保護区　タンザニア

オスがマーキングしています。　ンゴロンゴロ自然保護区　タンザニア

親子の憩いの場です。　佐渡市 新潟県

子を遊ばせるのも母親の役目です。　セレンゲティ国立公園 タンザニア

居心地の良さにこだわります。　日南市　宮崎県

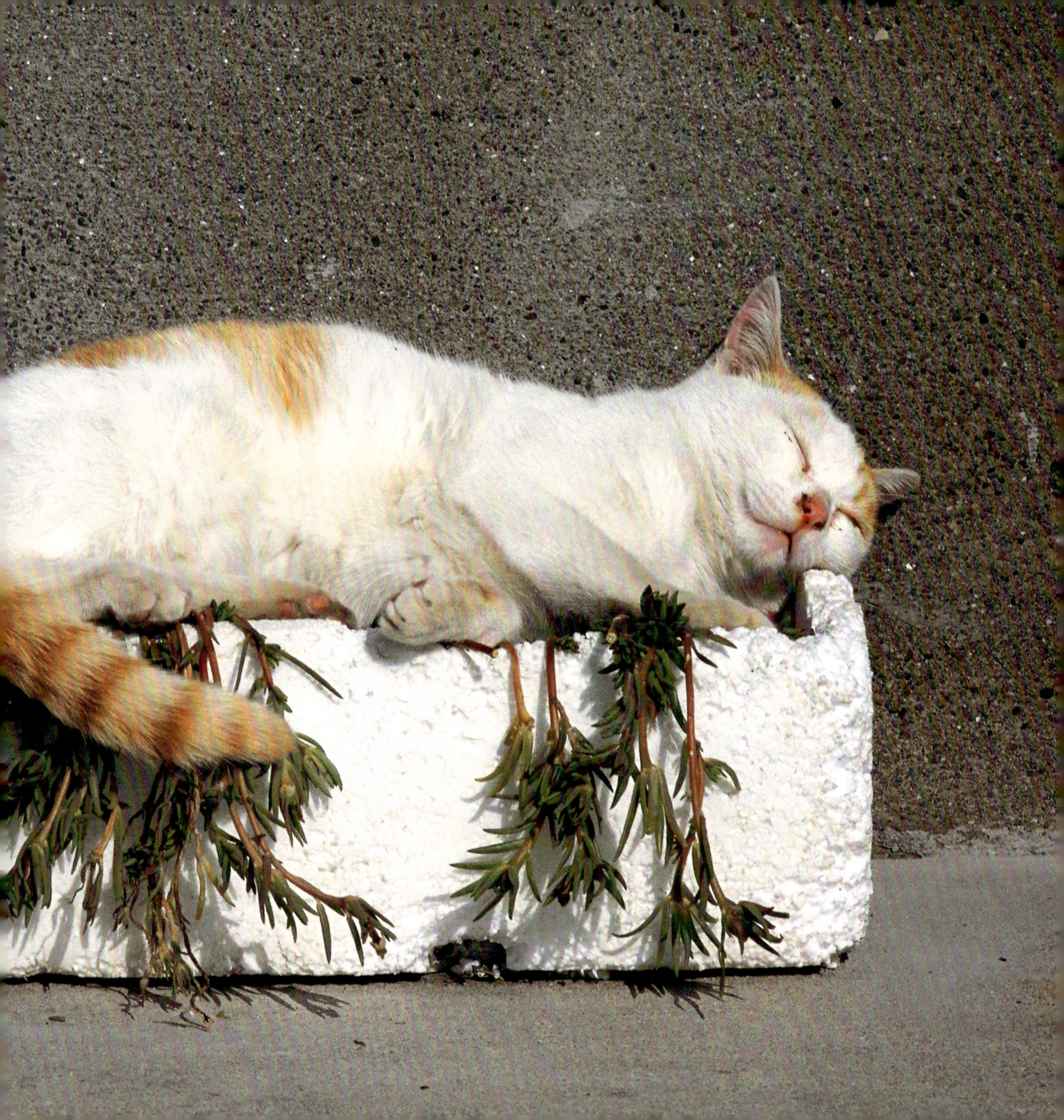

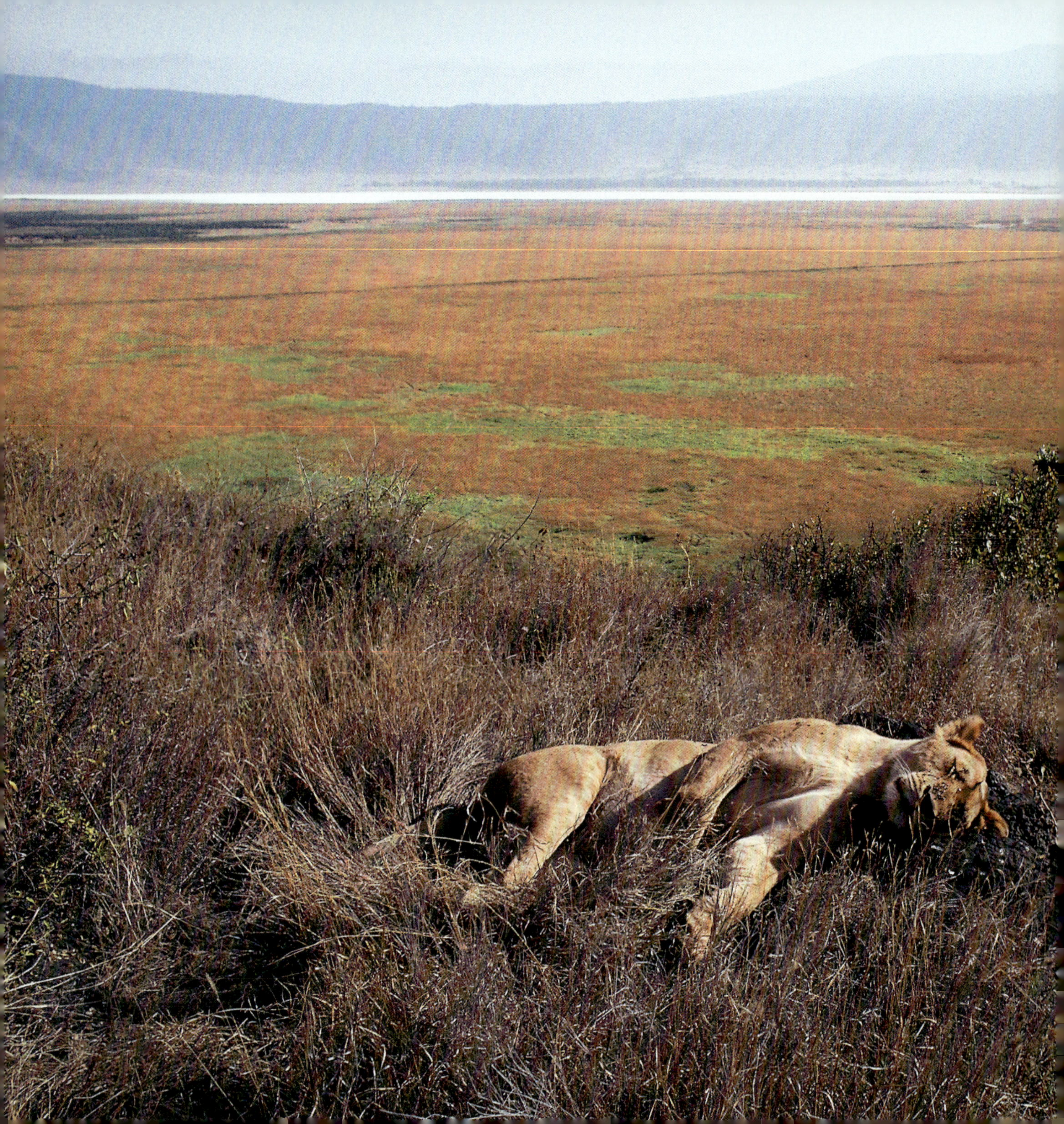

崖っ縁でしばしの休息です。　ンゴロンゴロ自然保護区　タンザニア

後ろ脚の動きが刺激になって舌が出ます。　市川市　千葉県

雨脚が強くなってきて軒下へと入ります。　室蘭市　北海道

タテガミを舌で整えることもあります。　セレンゲティ国立公園　タンザニア

高速回転で雨粒を払います。　ンゴロンゴロ自然保護区　タンザニア

納まりがいいですね。　石巻市 宮城県

乾いた川床に落ち着く親子の時間です。　セレンゲティ国立公園 タンザニア

親がいるから子は安心しています。（上）シャウエン モロッコ （下）逗子市 神奈川県

子の動きには満足感がうかがえます。　ンゴロンゴロ自然保護区　タンザニア

匂いで確かめてから触れようとしています。（上）エルバ島 イタリア（下）みなかみ町 群馬県

仕付けでしょう。　ンゴロンゴロ自然保護区 タンザニア

まだ子は遊び足りないようです。　セレンゲティ国立公園 タンザニア

早朝からでも子は遊べます。　室蘭市 北海道

枝に触れると動くのが気に入っているようです。　マサイマラ国立保護区 ケニア

遊びは無限大です。(上)積丹町 北海道 (下左)アルベロベッロ イタリア (下右)石巻市 宮城県

社会生活への初歩は気の合う遊び相手を見つけることです。
（上）セレンゲティ国立公園 タンザニア （下左）セレンゲティ国立公園 タンザニア （下右）ンゴロンゴロ自然保護区 タンザニア

味 Taste

水が欲しいときには優しいヒトが蛇口を開けてくれます。　ストック島 フロリダ州 アメリカ合衆国

夕暮れ。活動の前にたっぷりと水を飲みます。　セレンゲティ国立公園 タンザニア

"ねこぱんち"寸前。　田野畑村 岩手県

狩りは見ることこそ肝心です。　ンゴロンゴロ自然保護区　タンザニア

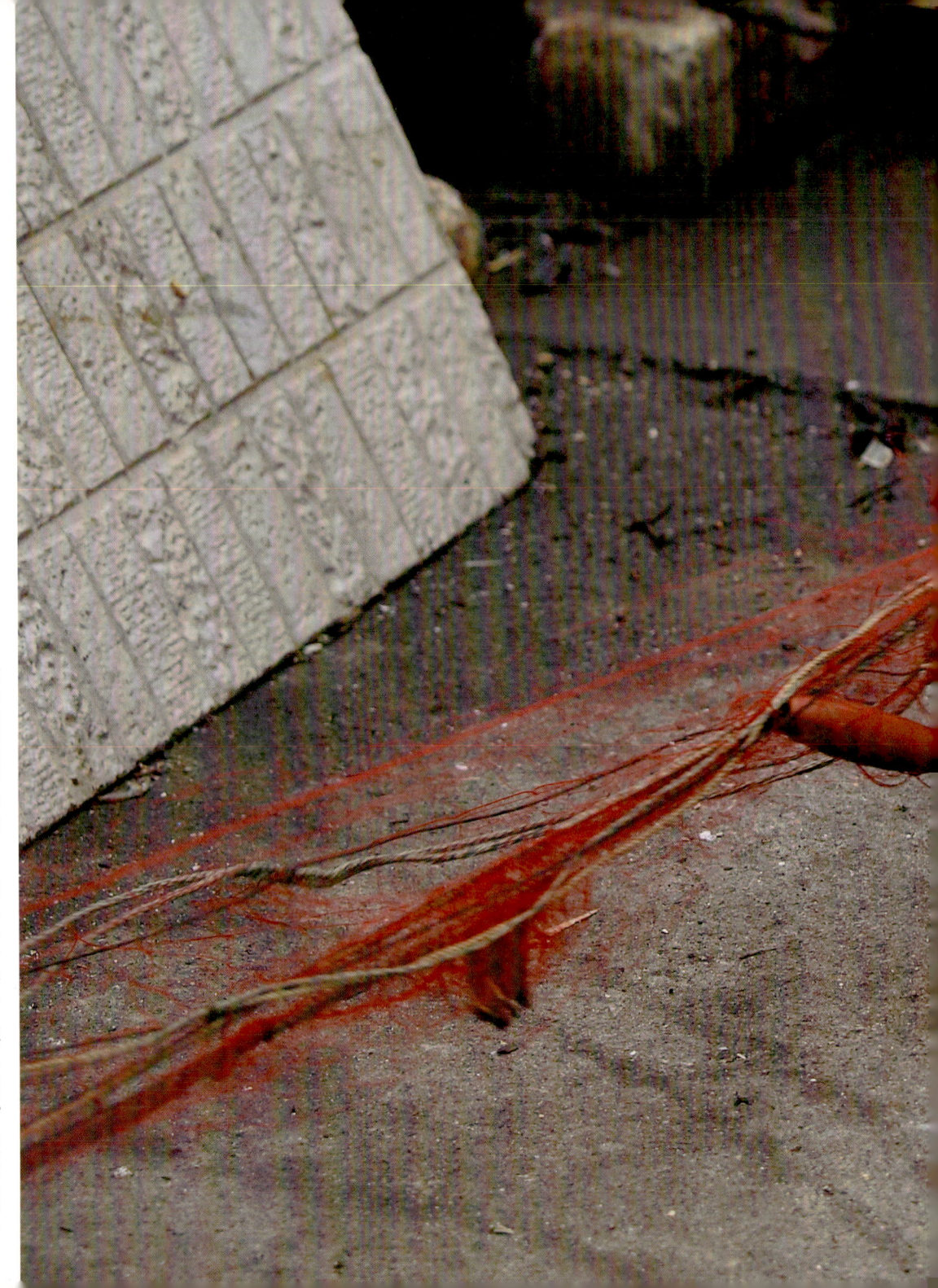

食への執着は瞳孔が大きくなっていることでもうかがえます。　石巻市 宮城県

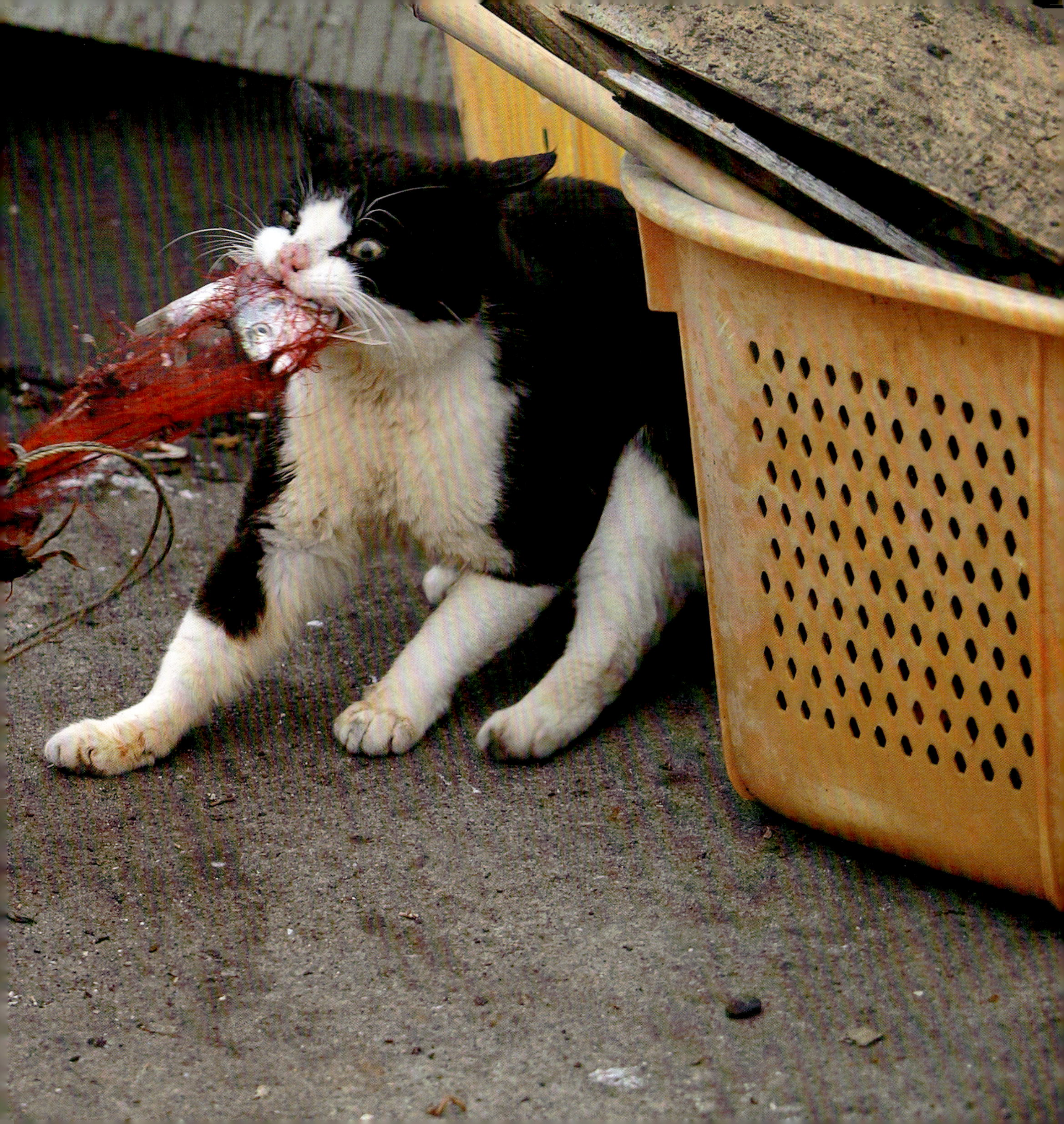

オスの夜明け前。ハイエナから獲物のヌーを奪い取って力尽で押さえ込みます。ンゴロンゴロ自然保護区 タンザニア

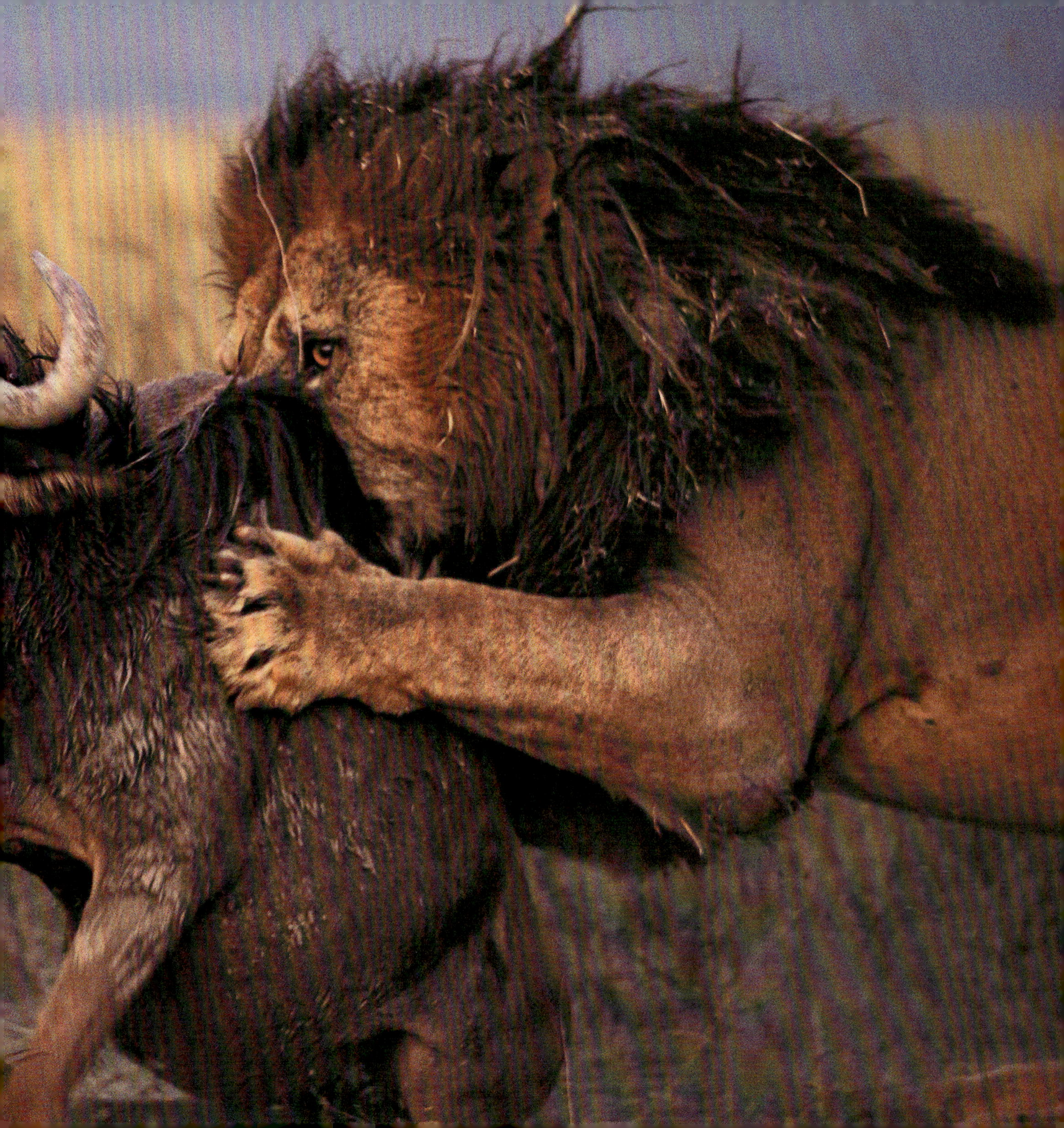

オスですから獲物を分け合うことはありません。 石巻市 宮城県

食への執着を教えてくれるように見えます。　ンゴロンゴロ自然保護区　タンザニア

漁師がくれた魚を我が家に持ち帰ります。　静岡市 静岡県

獲物のトムソンガゼルを子たちのところに運びます。　ンゴロンゴロ自然保護区 タンザニア

食に集中しています。（上）高松市 香川県 （下）富士吉田市 静岡県

うなり声が闇に響きます。（上）セレンゲティ国立公園 タンザニア （下）チョベ国立公園 ボツワナ

おいしいときにも舌を見せます。　伊根町 京都府

オッパイの後のこと。　ンゴロンゴロ自然保護区 タンザニア

好みの嚙み味の草を選びます。　高島市 滋賀県

草は消化を助けます。　セレンゲティ国立公園 タンザニア

食後のグルーミングはことに熱心です。　荒川区　東京都

グルーミング終了前にお尻もきれいにします。　ギル野生動物保護区　インド

手から爪にかけては時間をかけます。　倉吉市 鳥取県

前足を清潔に保つことはとても大切です。　ンゴロンゴロ自然保護区 タンザニア

103

子を抱きかかえるのも母親の役目です。　石巻市 宮城県

授乳後に甘える子を落ち着かせます。　ンゴロンゴロ自然保護区 タンザニア

段ボール箱は台所の隅にあります。　アルベロベッロ イタリア

母親は草丈が高いところを選んでいます。　ンゴロンゴロ自然保護区 タンザニア

嗅 Smell

匂いをいろいろ嗅ぎ分けています。　石巻市 宮城県

風上にはトムソンガゼルの群れがいます。　ンゴロンゴロ自然保護区 タンザニア

鼻を出来るだけ高い位置にしています。　ローマ　イタリア

鼻、目、そして耳を集中させて獲物へと向かいます。　ンゴロンゴロ自然保護区 タンザニア

庭に舞い降りる鳥を狙っています。　竹富町 沖縄県

狩りは風下からの方が成功率が高いようです。　セレンゲティ国立公園 タンザニア

アプローチの方法も重要です。　福岡市 福岡県

間違えると怪我をします。　セレンゲティ国立公園　タンザニア

メスの準備の程をうかがいます。　エッサウィラ　モロッコ

恍惚としているのでしょうか。　ポルトヴェネーレ　イタリア

メスの機嫌次第です。　セレンゲティ国立公園　タンザニア

メスが動けばオスも動きます。　ンゴロンゴロ自然保護区　タンザニア

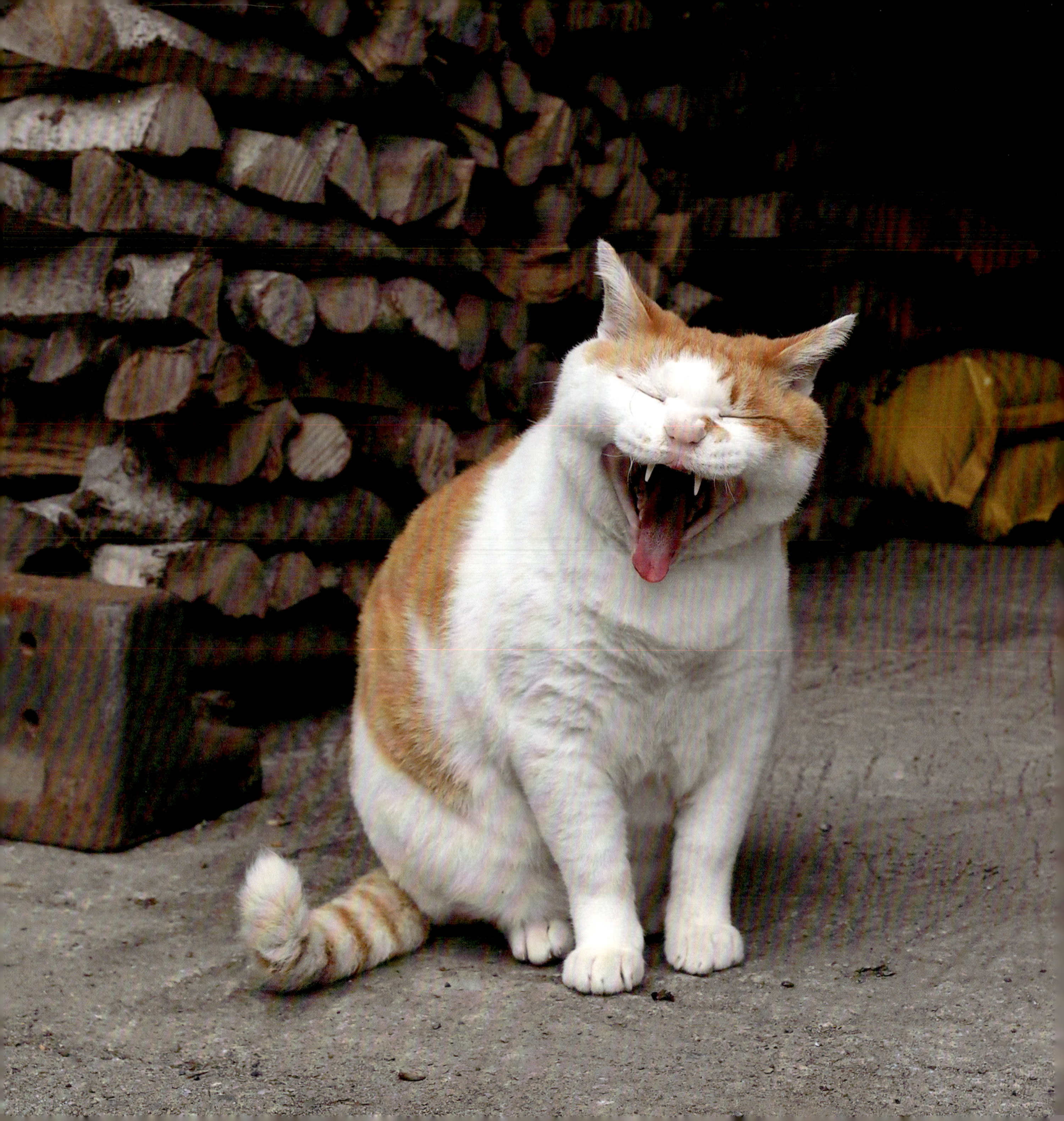

がっちゃんの得意なポーズです。　庄原市　広島県

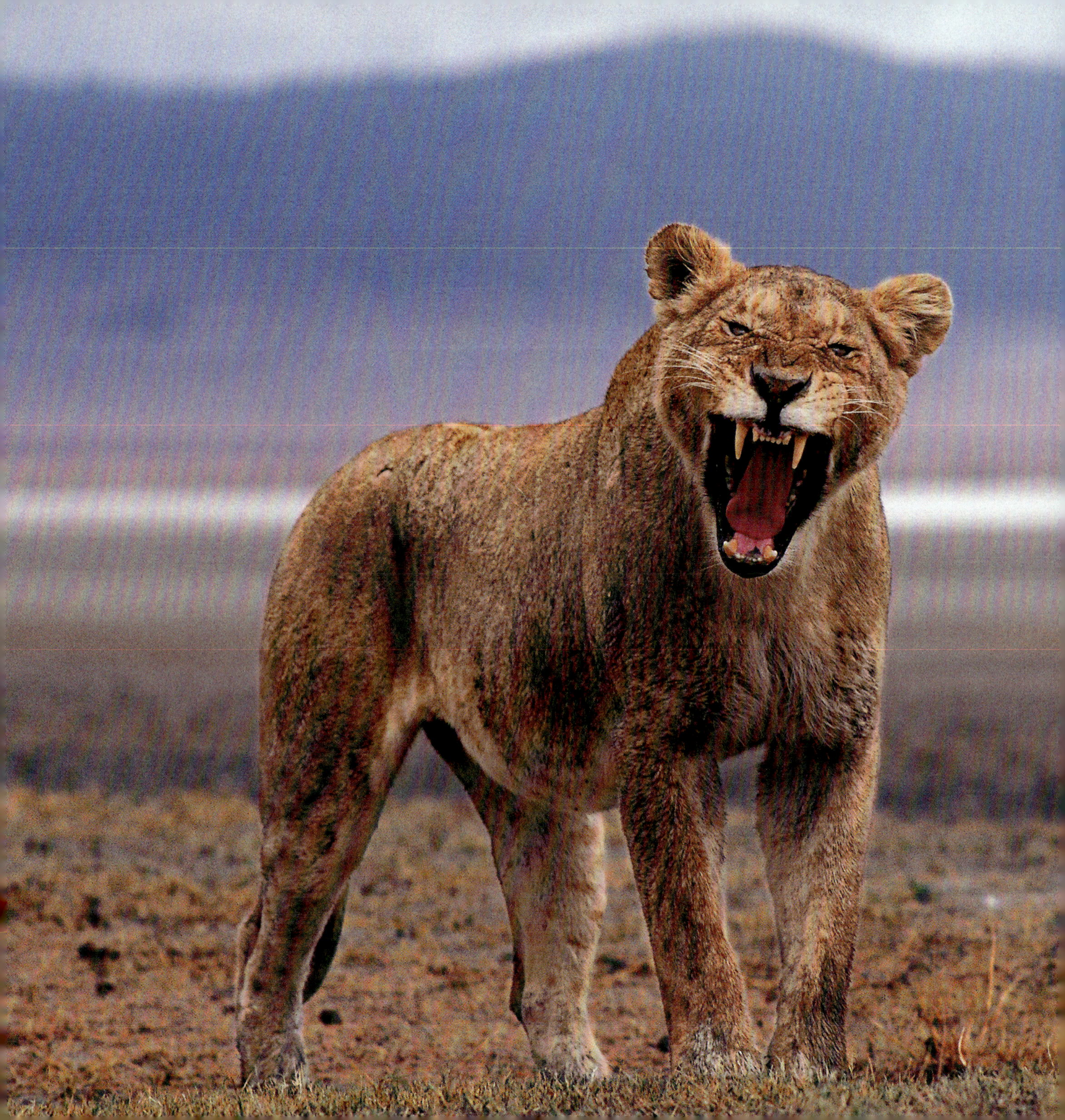

アクビをして緊張を解こうとしています。 ンゴロンゴロ自然保護区 タンザニア

筋肉の運動としてもアクビは大切なのでしょう。　倉吉市 島根県

休息に入るときです。　ンゴロンゴロ自然保護区　タンザニア

生まれも育ちも柴又よ。　葛飾区 東京都

360度の地平線まで我が家です。　セレンゲティ国立公園 タンザニア

あくびはうつります。（上左）入来町 鹿児島県 （上右）伊根町 京都府 （下左）西伊豆町 静岡県 （下右）北杜市 山梨県

吠えているのではなくあくびです。（上左）セレンゲティ国立公園 タンザニア（上右）ティムババツィ自然保護区付近 南アフリカ
（下左）ンゴロンゴロ自然保護区 タンザニア（下右）マサイマラ国立保護区 ケニア

これだけで動き出せます。　丸亀市 香川県

ヨガでいう"ネコのポーズ"のお手本です。　セレンゲティ国立公園 タンザニア

漁師の手を見るか、魚を見るかで、獲得が違ってきます。　石巻市 宮城県

ヌーの動き次第で飛び出そうというところです。　ンゴロンゴロ自然保護区 タンザニア

いい匂いのする方へは足が向きます。（上）上関町 山口県 （下）逗子市 神奈川県

獲物や地形にふさわしい歩きをします。　ンゴロンゴロ自然保護区 タンザニア

誰にも邪魔はされません。　北杜市 山梨県

スプレー（匂いづけ）しながら現れます。　ンゴロンゴロ自然保護区　タンザニア

聴 Hear

澄明な朝。いろいろな音が聞こえ出します。　金沢市 石川県

平原を吹き渡る風音がメスの声を消しています。　セレンゲティ国立公園 タンザニア

潮が香って波音が聞こえてきます。（上）京丹後市 京都府 （下）石巻市 宮城県

音のない時間もあります。　ンゴロンゴロ自然保護区 タンザニア

湯煙りとせせらぎの温泉地。　尾花沢市 山形県

「ヌー、ヌー」とヌーが鳴く声が聞こえます。　セレンゲティ国立公園 タンザニア

松尾芭蕉が「閑かさや岩にしみ入る蝉の声」とこの地で詠んでいます。　山形市 山形県

ウーッと優しく子たちに呼びかけています。　ンゴロンゴロ自然保護区 タンザニア

喉を鳴らしながらのスキンシップです。　小豆島町　香川県

喉を鳴らすのは息を吐くときです。　マサイマラ国立保護区 ケニア

鳴いてうったえる効果を知っています。　逗子市 神奈川県

大きな鳴き声が太く吠える声を育てるようです。　セレンゲティ国立公園 タンザニア

玄関前の朝の始まりです。　明日香村 奈良県

雨期になると目が覚めたように動き出します。　セレンゲティ国立公園 タンザニア

ちょっとした揉め事でしょう。 守谷市 茨城県

唸りながらおきてを教えます。 ンゴロンゴロ自然保護区 タンザニア

弾みながらの対応です。　コルレオーネ　イタリア

エスカレートしてきます。　ンゴロンゴロ自然保護区　タンザニア

子たちの寝息が聞こえます。　エルバ島　イタリア

子たちは遊び、母親は周囲を確認しています。　セレンゲティ国立公園　タンザニア

坂道の傾斜がいい感じで背中に伝わるようです。　北九州市 福岡県

なぜか後ろ足が垂直です。　ンゴロンゴロ自然保護区 タンザニア

オスの孤独です。　石巻市 宮城県

何かを考えているようには見えません。　ンゴロンゴロ自然保護区　タンザニア

家族の肖像。 盛岡市 岩手県

乾季と雨季。ンゴロンゴロ自然保護区　タンザニア

降っても降ってもまだ降り止みません。　白川村 岐阜県

雨中でも動くときはあります。　セレンゲティ国立公園 タンザニア

待ち侘びるヒトがいます。　横浜市 神奈川県

なわばりの境界線に立ちます。　ンゴロンゴロ自然保護区　タンザニア

ネコとヒトが共に生きる

　ネコは、祖先であるリビアヤマネコとヒトの双方の利益が一致したために家畜化された、という説が有力である。
　その根拠として、狩猟に欠くことができない仲間としてイヌが家畜化されたのに対し、ネコは農耕が開始されたのちに家畜化されたことが挙げられる。ヒトの指示に従わないネコは、狩猟時代には不要または邪魔者であったが、穀物を貯蔵するようになってネズミの害に苦しんだ古代人が、勝手に貯蔵穀物の番人の役割を果たすリビアヤマネコを家畜化したいと考えるのは当然のことと考えられた。
　一方、リビアヤマネコにとっても、穀物を狙ってネズミが集まる集落に居を移したほうが得策であった。自分のためにネズミを狩猟しているのにヒトから歓迎される。このように双方の利益が一致して、ネコの家畜化がおこなわれた。めでたし、めでたし…ということになるのだろうか？　わたしは疑問に思う。
　歴史的にみると、確かにネコはヒトの大切な財産を守ってくれる有用な動物であった。穀物を守っただけでなく、中国から日本に仏教の経典を運ぶ船中で、ネズミの食害から経典を守るために同船させたのが、ネコの日本渡来の始まりだという。また14世紀に、黒死病として恐れられたペストがヨーロッパで大流行し、全人口の3割が死亡したが、それを媒介するネズミを駆除する役割を担ったことは疑

う余地がない。

　このように、双方の利益が一致したという家畜化の説明は、美しく合理的ではあるが、それは家畜化の第一歩ではなく、家畜化されたあとに生じたネコの功績ではないか、というのがわたしの感想である。ネコの家畜化の第一歩は、リビアヤマネコの子猫に魅せられたヒトが、その魅力に取りつかれて繁殖を重ねたのではないか。そのネコたちの身勝手な行動に眉をひそめるヒトがいたかもしれないが、穀物番人という有用性を発揮したために、しだいに人間社会における存在を認知されたのではないか。

　むかしからネコは不思議な生き物であると思われてきたし、現在もそのように思っている人が少なくない。ネコの行動や心理の先駆的な動物学者のマイケル・W・フォックス博士も、「ネコは謎につつまれた生き物だ。そんな動物について本を書くなんて、ひどく思いあがったことにちがいない」と述べたように、ネコにはイヌにない不思議さがある。

　「昼は淑女のように、夜は悪女のように」や、「手なずけた自然にひそむ野生」という言葉がにあう動物は、ネコ以外にはいないであろう。

国立科学博物館 館長　林　良博

おわりに

　ヒトは比べることの好きな動物ですがネコとライオンを比べることはできません。ヒト同士でも比べ合うから羨ましいとかこっちの方が上だと息巻いたりするのです。もっと楽な気持ちで世の中を見つめてみてはどうでしょう。そう、もっと広げてマクロ感覚で地球を見てみると言ったらいいかもしれません。些末なことが多い世の中でヒトは顔の表情や言葉でもの事を判断しすぎるように思います。

　朝、ネコが家から出かけるときにはヒゲでその日の気象を判断するようです。耳で隣近所のご機嫌まで知るのでしょう。また鼻はあちらの家ではボーナスが出ておいしい食事になり、後で分け前がいただけるかもしれない、くらいまでは分かるのかもしれません。そういう野生の感覚をネコは家畜になっても忘れてはいません。それはぼくたちヒトの身体にもある感覚だと思います。情報とは本来そのヒト自身でしか獲得できないものと思います。

　ライオンは野生動物ですから生きていくのはもっと大変です。百獣の王という嘘をヒトに与えられてしまっての不幸もあります。サバンナに生きるたくさんの命が作る輪のひとつの鎖がライオンなのです。でもアフリカに観光客がやってくるたびにサービスをしてあげるのが面倒で、ライオンは寝たふりなどをしても見せます。観光客が立ち去った後ですぐに狩りを始めたりするからです。そう言ったことでは動物も嘘をつくのかもしれませんね。あなたのネコさんも嘘が上手かもしれませんよ。

岩合光昭

©Hideko iwago

岩合光昭（いわごう みつあき）

1950年東京生まれ。
19歳のとき訪れたガラパゴス諸島の自然の驚異に圧倒され、動物写真家としての道を歩み始める。以来、地球上のあらゆる地域をフィールドに動物たちを撮影する。その美しく、想像力をかきたてる作品は世界的に高く評価されている。1979年、『海からの手紙』で木村伊兵衛写真賞受賞。タンザニアのセレンゲティ国立公園におよそ2年間滞在して撮影した写真集『おきて』は、世界中でベストセラーとなる。一方で身近な存在であるネコの撮影を40年以上、ライフワークとして続けており、ネコとヒトの関係性が垣間みえるその独特の作風は、多くの人の共感を呼び人気を博している。

著書に『ライオン家族』『おきて』（小学館）、『セレンゲティ』（朝日新聞社）、『ねこ』『ねこ歩き』『どうぶつ家族』（クレヴィス）などがある。

主な使用機材として、オリンパスEシリーズのカメラとレンズを使用。
岩合光昭 公式ホームページ［Digital Iwago］www.digitaliwago.com

ネコライオン

2013年8月17日　第1刷発行

著　　者	岩合光昭
アートディレクション	工藤規雄（Griffe）
デザイン	上野久美子（Griffe）
編　　集	江水彰洋　齊藤鉄平
プリンティングディレクション	清水進　加藤剛直　田口優一（DNPメディア・アート）

発 行 者	岩原靖之
発 行 所	株式会社クレヴィス
	〒150-0002 東京都渋谷区渋谷1-1-11
	TEL: 03-6427-2806
	MAIL: info@crevis.jp
	HP: www.crevis.jp
印刷製本	大日本印刷株式会社

© Mitsuaki Iwago 2013
Printed in Japan
ISBN 978-4-904845-31-8

一部転載および協力
「そっとネコぼけ」小学館　「きょうもいいネコに出会えた」2002年日本出版社　2006年新潮社
「ちょっとネコぼけ」小学館　「ネコに金星」2008年日本出版社　2013年新潮社
「愛するねこたち」講談社　「地中海の猫」新潮社
「ニッポンの猫」新潮社　「岩合光昭のネコ」日本出版社
「旅行けばネコ」新潮社　「ママになったネコの海ちゃん」ポプラ社
「ネコさまとぼく」新潮社

乱丁・落丁本のお取り替えは、直接小社までお送り下さい（送料は小社が負担いたします）。
本書の一部あるいは全部を無断で複写複製することは、法律で定められた場合を除き、著作権の侵害となります。